未来能源
让世界转起来

探索月球
神秘西强大

神奇地球
蔚蓝的家园

神秘机器人
工智能和超级好帮手

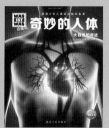
奇妙的人体
大自然的奇迹

深海之谜
生机勃勃的黑暗国度

太空之旅
深入宇宙的探险

走进热带雨林
地球的绿色宝藏

宇宙中的星体
打开探索宇宙的大门

伟大的发明
天才与灵感的杰作

神奇的火车
风驰电的速度

沙漠之旅
干涸、绿洲和无尽的远方

显微镜探秘
肉眼看不见的微小世界

野生动物
从未被驯服的野性

奇趣萌宠
人类的好朋友

鸟类不简单
天空中的杂技演员

神秘的古埃及
略野河畔的金色奇观

印第安人
北美原住民

伟大的探险家
稳健地和好脚步，探索全世界

未来世界
一切皆在变化之中

蛇的故事
揭开敏捷感官的捕手

考古探秘
发现历史的宝藏

马的生活
人类忠实的伙伴

舞蹈的魅力
合拍起舞

生物质资源
植物动力引领未来
2023 NEW

石器时代
火的控制与使用
2023 NEW

第一辑·全10册

第二辑·全10册

第三辑·全10册

第四辑·全10册

第五辑·全10册

第六辑·全10册

第七辑·全8册

WAS IST WAS

学习源自好奇 科学改变未来

U0182234

大自然的力量

难以估量的威力

[德] 曼弗雷德·鲍尔／著　张依妮／译

航空工业出版社

方便区分出
不同的主题！

真相
大搜查

17

移动的气团会释放
巨大的能量。

7

地球上有许多强大的自
然力量，而火山作用只
是其中之一。

18

科学家利用移动式
雷达探测龙卷风。

13

人们用地震仪记录地面的震动。
但是如何预测地震？当地震发生
时，我们应该怎样保护自己呢？

29

极端严寒甚至会使
瀑布冻结。

33

人与火的对抗：空降消防员是冒着生命危险扑救森林大火的英雄。

45

在太阳上产生风暴的时候，天空中闪烁着非常美丽的色彩。

符号 ▶ 代表内容特别有趣！

47

从访谈中可以得知，为什么近地天体如此危险。

气候变化：地球变得越来越热。

41

重要名词解释！

困境中的救援者

苏珊·布特内尔（上图左，与同事托尔斯泰·尼尔森一起）说道："在德国我们很少遇到自然灾害，这并不是一件理所应当的事情。所以我要去帮助那些并没有我们这么幸运的人。"

2013 年 11 月 7 日，超强台风"海燕"抵达菲律宾海岸，狂风在两天时间内横扫了这个岛国。巨大的风暴潮淹没了城市和村庄以及大部分的岛屿，给人们留下被摧毁的房屋、被折断的树木与被淹没的农田。电力系统全面瘫痪，人们缺少食品与干净的饮用水。许多居民几乎失去了一切，他们知道，现在自己必须依靠别人的帮助。

救援正在赶来!

早在灾难发生后的最初几天，各种救援机构的工作人员就赶到了现场，其中也包括了"庇护箱"救援队。苏珊·布特内尔是"庇护箱"救援队的一名志愿者，这是她第一次参加救援工作。当她与其他队员赶到现场时，他们被灾区的破坏程度深深地震撼了。和"庇护箱"的其他所有成员一样，苏珊·布特内尔也受过专业的救灾训练。她学习过如何把帐篷搭建得更牢固、更持久，并且懂得如何规划并建立难民营。

训练内容也包括了急救措施，以及在危险地区的正确举止。团队中的每一个人都有自己的任务：苏珊·布特内尔负责确保救援物资能够顺利抵达那些至今还没有救援队去过的地区。她和她的同事托尔斯泰·尼尔森共同负责了解这些地区的状况，从而更好地判断人们最需要哪些物资。救援队的其他成员便负责把救援物资顺利运送到台风灾民的手中。对所有队员来说，每天的救援工作早早就开始了，因为下午五点以后太阳就会落山，那时他们就无法完成任何工作了。尽管救援队没有办法救助到每一位灾民，但是他们知道自己正在做正确的事情。就这样，"庇护箱"救援队的 100 位志愿者一共救助了 7000 多个受灾的家庭。

"庇护箱"是什么?

关于这个救援组织的想法最初来自英国，然后"庇护箱"也的确在英国成立了。"庇护箱"的英文名字是"ShelterBox"，这个组织为灾

台风"海燕"的最高风速达每小时 300 千米以上。

救援人员把救生箱送到哪怕是最偏远的地区。每一个人都能得到他最需要的物资。

民们提供庇护，给予帮助。自 2007 年起，苏珊·布特内尔和她的一位朋友也开始在德国宣传这个组织。他们的宣传十分成功，目前"庇护箱德国协会"甚至还拥有自己的办公室、固定员工及大量的志愿者们。当发生灾难时，"庇护箱"救援队能够迅速做出反应，因为全球范围内有约 250 名救援人员时刻待命，他们把救生箱及其他救援物品送到人们急需的地方去。

绿色箱子

每个救生箱中最重要的部分就是一顶大帐篷，它可以为一大家人提供庇护和温暖。此外，救生箱里还有被子、蚊帐、小工具、锅、碗、餐具、净水器、太阳能灯以及儿童玩具等。每一次灾害都不是相同的，因此，救援组织中的队员会依据当地灾情的不同而更改救生箱里的物品配置。救生箱本身也是为了应付各种情况而设计的。救生箱长 60 厘米，宽 60 厘米，高 80 厘米。为了能够在长途运输过程中安然无恙，救生箱还具备了防水性和耐用性的特点。装满物品后，救生箱的总重量可达 55 千克。

返回家园

当苏珊·布特内尔不参加救援时，她就主要负责募捐，这些钱会用来购买新的救生箱。对她与整个救援组织来说，救助物资库存充足是非常重要的。这样才能顺利应对下一场灾难——因为自然灾害随时随地都有可能发生。

救生箱包含了所有的必需品，它为无家可归的家庭提供了帮助和温暖。

人人都可以伸出援手！

全球范围内有许多灾害救援组织，和"庇护箱"一样，它们也要依赖志愿者的工作和大家的爱心捐赠，所以定期的捐赠和支持是非常重要的。每个人都可以捐款，也可以加入救援组织，甚至可以参加训练成为救援人员。班级或者整个学校也可以举办义卖糕点等活动来筹集资金。

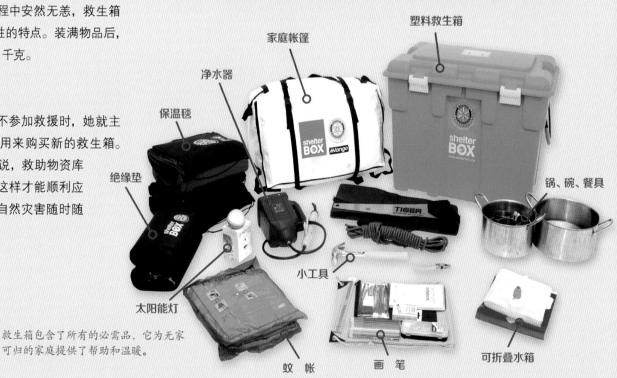

塑料救生箱
家庭帐篷
净水器
保温毯
绝缘垫
太阳能灯
锅、碗、餐具
小工具
蚊帐
画笔
可折叠水箱

全球的自然灾害

我们人类生活在生物圈里，它在地球上只占很薄的一层，并且变化多端，非常不稳定。大气和海洋在不断运动，猛烈的风暴从我们头顶上呼啸而过，我们脚下看似坚实的地面其实在不断地颤抖……这些事件表明，有强大的力量在影响着我们的地球。在人口稠密的地区，这些力量可能导致灾难。地震使建筑物倒塌，道路被摧毁，电力和水的供应被中断；在其他地方，城市和村庄受到森林大火的威胁；山体滑坡和雪崩轰鸣着，掩埋了山谷里的一切；海底地震引起的海啸波摧毁了数百千米外的沿海地区；火山爆发并喷出熔岩，它们把由岩石碎屑、灰烬和气体组成的火山云高高地喷入大气层，并改变全球气候。虽然来自太空的大型宇宙飞弹很少见，但它们更危险。如果陨石或小行星撞击地球，它们会留下巨大的陨石坑。但是，这些事件也带来某些有利的影响：森林火灾使种子发芽；火山岛给植物和动物提供了新的生存空间；大约 6600 万年前，撞击地球的陨石虽然使体型庞大的恐龙灭绝，但是哺乳动物因此而得到了发展，最终也产生了人类。

水和蒸汽

冰岛可以被称为"间歇泉之岛"，地球内部的火山地热使间歇泉保持活跃。史托克间歇泉每隔约十分钟就会喷发一次，它的水柱可以喷射到 30 米的高度。

冰风暴

在北美一些地方，暴风雪使整个地区被积雪所覆盖。

热带气旋

自 1998 年 10 月 22 日起，米奇飓风连续肆虐中美洲 18 天。受灾最严重的是洪都拉斯和尼加拉瓜，大约 1.9 万人遇难。

危险的"象鼻"

1925 年 3 月 18 日，持续时间长且极其危险的"三州龙卷风"摧残了美国密苏里、伊利诺伊和印第安纳三大州。在三个半小时的时间内，它行进了 350 千米。这场异常强劲的龙卷风只是一系列大型龙卷风中的一场。

摇晃的大地

曾被记录下来的全世界最严重的地震，于 1960 年 5 月 22 日发生在智利。此次地震强度为 9.5 级，它还引发了海啸，这场海啸导致整个太平洋地区遭受了严重的损失。

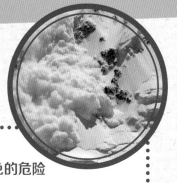

白色的危险

高山上总会不断滑落冰雪。当雪崩轰鸣着冲向山下时，它会裹挟越来越多的积雪、石头、岩块与树木一起往下滑动。不过雪崩只有在席卷居民区时才会变得危险。

冰 雹

1984 年，在德国慕尼黑的一场雷暴中出现了雹暴。巨大的冰雹使汽车出现了凹痕，并且摧毁了屋顶、外墙和花房。

燃烧的地球

在中国宁夏的某些地方，地下煤层正在燃烧。这只是全世界几百处地下煤火之一。燃烧的煤矿几乎无法被扑灭，并且还会大量释放温室气体二氧化碳以及其他有害气体。

摧毁性的海浪

2011 年，日本附近的海底地震引发了一场巨大的海啸，它越过了防护墙，摧毁了沿海地区，甚至导致福岛核电站发生了灾难性的事故。

来自宇宙的威胁

狼溪陨石坑的直径为 880 米。它诞生于 30 万年前，当一颗重达 5 万吨以上的陨石撞击地球的时候。地球虽然不断被太空小陨石击中，但是如此巨大的陨石撞击还是非常罕见的。

火 山

印度尼西亚的默拉皮火山是环太平洋火山带的一部分，它也是世界上最危险、最无法预测的火山之一。火山学家们使用测量仪器观察它，这样他们就可以在火山爆发前及时向居民发出警告。

大范围的火灾

世界上有部分地区在旱季不断地受到森林火灾和丛林野火的破坏。2002 年，澳大利亚新南威尔士州的住宅楼也被烧毁。

地球的构造

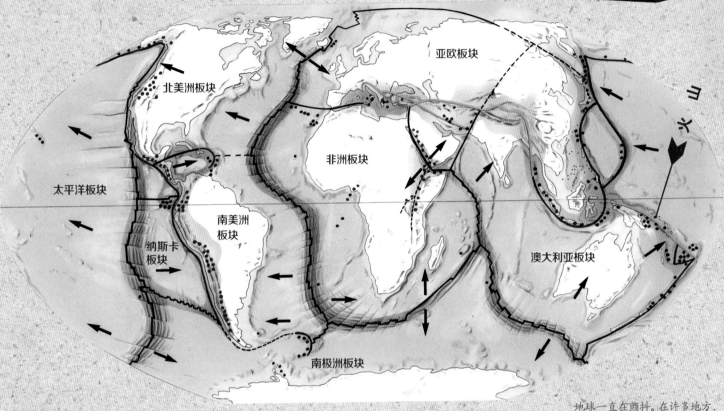

地球一直在颤抖。在许多地方,来自地球内部的熔岩、火山灰和火山气体涌向地表。这表明我们生活在一层非常薄的、冷却的地壳上,而地壳下面是炽热的物质。

地壳像一幅由不同大小的板块所组成的拼图,这些板块在不断地移动。上图中箭头表示板块移动的方向。大西洋中部海岭位于美洲大陆、欧洲和非洲之间,这是一条不断产生新海床的海底山脉,它在某些地方甚至突出海面,并且形成岛屿,比如冰岛。

时刻运动着

地壳由七个大板块和许多中小板块组成,它们漂游在处于半流体状态的炽热地幔上。地幔中上升与下沉的岩浆流推动着地壳上的板块。板块就这样每年移动大约二至十厘米。板块与板块擦身而过,或者撞击到一起。在几百万年的时间里,板块之间的褶皱就这样渐渐隆起成为山脉,或者那些由于板块挤压而积累

的能量会以地震的形式突然释放出来。当一块沉重的海洋板块被推挤到另一块较轻的大陆板块下面的时候,被压下去的海洋板块就会在深处被熔融。气体与被熔化的岩石在这些被称为俯冲带的地区冲向上方,并且突破地壳,冒出地面。就这样,在板块的边界上形成了火山,它们像一条皮带一样连在一起。

海底山

如果海床在某些地方消失,那就必须在其他地方重新形成。地球上有一条总长度约6万千米的海底山脉。在这些地区,新的岩浆不断从地幔深处流到地表。凝固的熔岩在那里形成新的地壳物质。各大洲就这样不断改变它们的位置,并一次又一次地重新塑造地球的表面。

炙热的地球

如果人们使用钻头钻入地壳，深度每增加 100 米，温度就升高 2℃至 3℃。所以地球内部应该是非常热的。当地球形成时，宇宙物质、灰尘与不同大小的岩块撞击到正在膨胀的地球上，因而产生了巨大的能量，它们使地球成了一个炙热而又处于液体状态的球体。该球体的冷却速度很缓慢，因为在地球内部有大量放射性元素在进行衰变，例如铀、钍和钾，在这个过程中会不断地产生新的热量。

菲律宾的地震（上图）和印度尼西亚的火山灰雨（左图）。两者都是地壳板块运动的结果。

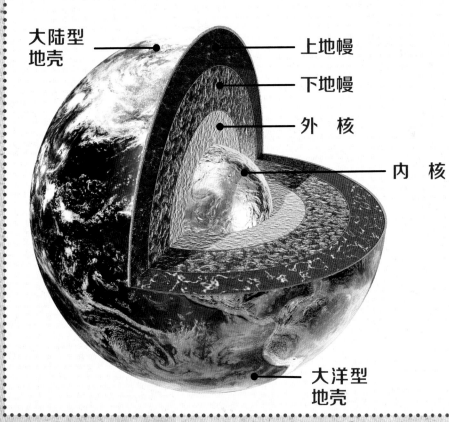

大陆型地壳

上地幔

下地幔

外核

内核

大洋型地壳

居住在一层薄薄的地壳上

地质学家们想象地球内部是这样的：地球中心是由固态的铁镍内核构成的（温度高达 7000℃），在它的外面是一层液态的含铁外壳（3500℃至 4000℃），外壳被一层固态的下地幔所包裹（2000℃至 3500℃），然后更外面一层是上地幔（400℃至 2000℃）。地壳板块就漂浮在上地幔的上面——就像筏板漂浮在水面上一样。相较于地球的其他壳层，固态的地壳只像苹果的皮一样薄。在上地幔中有热物质不断上升，它们朝水平方向流动一段时间，冷却后又在其他地点沉入深处。这种对流也会移动地壳板块。在板块相互碰撞或摩擦的地方会堆积起巨大的山脉，并且会出现地震和火山现象。

摇晃的大地

1906 年的旧金山。这个位于美国加利福尼亚州的城市在 19 世纪下半叶迎来了一场盛大的淘金热潮，因此城市急速扩张，人口激增到约 40 万。房屋紧密地挨在一起，豪华别墅、仓库与许多简单的住房多数都是使用大量木材建成。一旦在这里发生火灾，大部分城市将会被摧毁。除此以外，在地下深处还隐藏着另一个危险：地震。

废墟中的旧金山

旧金山被建造在圣安德列斯断层上，这是地壳上的一条裂缝，它长达 1000 千米，并且在某些地方宽达 1.5 千米，深达数千米。太平洋板块和北美洲板块在此相互交错，

它们以每百年数米的速度朝相反的方向移动。一旦两大板块之间有某些岩石卡在一起，就会产生机械应力，这些积累起来的能量会以地震的形式突然释放出来。无人可以准确预测这会在什么时候发生。1906 年 4 月 18 日，圣安德列斯断层裂开并且形成了一条长达 470 千米的裂缝，两大地壳板块向相反方向移动了约六米。这场地震的强度为 7.8 级，它使地面开裂，房屋倒塌。煤气管道因此遭到破坏，泄漏的煤气被明火点燃。城内多处都发生了重大火灾，火苗从一所房屋蔓延到另一所，并且使越来越大面积的地区陷入了大火之中。因为许多水管也断裂了，所以消防队员只能无助地眼睁睁看着一片片住房区被烧成废墟。三千人在这场地震中丧生，几十万人变得无家可归。

旧金山的居民担心随时可能发生的大地震。它何时会来呢？

加利福尼亚州
地图

旧金山

帕克菲尔德

圣贝纳迪诺
棕榈泉

圣安德列斯断层：两大
板块在这里相互摩擦。

**→ 纪录
四大板块**

日本位于四大板块的交界处。
日本列岛所在的位置是世界上最
活跃的地震和海啸区域，在日本，
几乎每天都有轻微的地震。

大地震

虽然旧金山在地震后又被重建，但居
民们直到今天都一直知道，这样的地震随
时可能再次发生。例如在 1906 年 10 月 17
日，大地震动了 15 秒，这并不是 1906 年
以来唯一的一场地震，却是其中最强的一
场。在这场地震中，有 62 人死亡，财产损
失高达 60 亿美元。

但在未来某时，一定会发生一场巨大
的地震，居民们称它为"大家伙"，这场地
震可能会像 1906 年的地震那样严重，甚
至规模可能会更大。但毫无疑问的是，这
次地震所造成的损失会高出很多倍，因为
如今在旧金山地区生活的人数要比当年多
出很多，而且人们还建造了更高的楼房。
在地震地带也修建了公路、桥梁与核电站。
下一场地震一定会来临，问题只是到底何
时来临。所以许多居民都已经提前做了准备：
水、食品、汽油，还有现金，因为一旦发
生地震，只有一件事情是可以肯定的：人们
将会无法及时撤离城市。

德国地震带

德国也有多次发生地震的地区：科隆湾、斯瓦本山脉、
莱茵河谷南部，以及位于东部的格拉周边地区。

2014 年 5 月 17 日，德国达姆施塔特市发生了一场地震，
地震强度为 4.2 级，时长约 10 秒。震动使高楼摇晃，人们
充满恐惧地逃离了自己的住所。

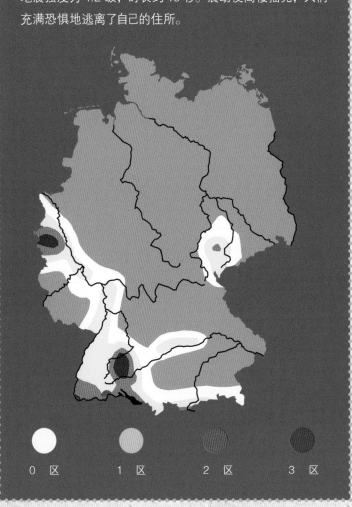

0 区   1 区   2 区   3 区

1906 年的地震几乎完全
摧毁了旧金山。

台北 101 是一座高达 508 米的摩天大楼，它位于台北市。为了不受到风暴与地震的破坏，大楼内设置了一个重达 660 吨的巨大钢球，利用它的摆动可以减缓建筑物的晃动幅度。

与地震一起生活

世界上大部分人口都生活在地震多发地区，他们总是担心会受到地震的突袭。然而，地震学家目前仍无法对地震的发生时间做出长期预测，他们只能提供未来数十年，甚至数百年发生较大地震的概率。人们也只能接受可能会突然发生地震的风险，并且与它一起生活。

倒塌的房屋

然而最大的危险并不来自地震本身，而是来自倒塌的房屋。工程师们目前已经学会了利用新的建筑技术，建造可以在最大程度上达到抗震安全效果的房屋，并且使用钢铁与混凝土支柱对已有的建筑物进行加强加固，这样就可以减少它们倒塌的风险。高楼被建造在抗震地基上，并配备巨型钟摆和减震器，它们可以削弱地震的影响，并且减少建筑物的晃动。尽管如此，完全抗震的建筑物依然是不存在的。

测量地震

人们可以使用地震仪来记录地震。它的工作原理很简单：某个具有惯性的重物被悬挂在固定于地面的外壳上。惯性是物体保持它原有

使劲地摇动：建筑物理学家利用振动台模拟地震时房屋的状态。

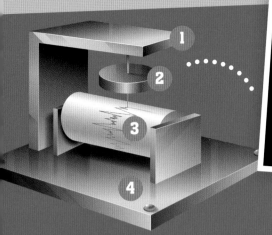

地震仪的底座和转筒会随着地面晃动，但重物会处于静止状态。
（1）外壳
（2）重物
（3）转筒
（4）底座

图中显示的是一场 8.5 级大型地震的震波图。

运动状态不变的一种性质。当大地晃动时，悬挂的重物会保持不动。

地震仪的外壳也会随着地面的震动而晃动。在老式地震仪中，重物与一支笔相连，这支笔会把由震动产生的曲线记录在纸卷上或者一个炭黑色的圆筒上。新式测量仪通过电脑，以数字形式记录震动。地震发生后，人们总是会分析多台地震仪的震动曲线，这些地震仪与地震中心区域之间的距离各不相同，这样地震学家就可以查明地震的来源（震源），以及地震的强度。震中正好位于震源上方的地表处。地震强度通常被以数值形式显示在里氏震级上，震级是以美国地震学家查尔斯·弗朗西斯·里克特的名字所命名的。一场 7 级地震的震波图上所显示的震动曲线比 6 级地震强十倍，并且比 5 级地震强一百倍。每增加一个整数值，震动图上的震动曲线就会增加十倍，在地震中所释放的能量会增加约 30 倍。

地震预警系统

整个日本都位于地震带，所以负责发出地震警告的日本气象厅建立了一个由高灵敏度地震仪所组成的观测网，这些地震仪可以记录下在大型地震发生数秒前所出现的微弱地面震动，使系统能在速度较慢并且能量较大的地震波抵达之前发出预警。虽然这只是几秒钟的事情，但在这短暂的时间内就可以做许多事情：例如关闭核反应堆，切断管道煤气供应，并且使高速列车停下来。为了让民众防范即将来临的地震，系统会以最快的速度通过广播电台、电视、扬声器，甚至现在也通过手机发出预警。但为了避免不必要的恐慌，系统只会在预测到较大型地震时，才向民众发出这样的警告通知。

地震演习

每年的 9 月 1 日，日本全民都会进行地震演习。人们模拟灭火场景，救援人员从直升机上速降下来，解救被困在"着火"大楼里的潜在伤者。特别是小孩，需要在这场演习中学习如何在面临地震时做出正确反应。如果在家发生地震，就应该迅速躲避在门框或者桌子下方。在野外要注意，不要在建筑物附近停留，因为它们可能会坍塌。

不可思议！

在日本和美国，人们会利用地震模拟振动台来体验地震时的紧急情况。地面激烈地震动着，并且从喇叭里可以听到可怕的轰鸣声。

这样做是为了让人们体会到，地震时会有什么样的感觉，并且应该如何做出正确的反应。人们把有些布置成房间的地震模拟振动台放在集装箱里，在全国各地展示，它们主要被学校所使用。

在日本，孩子们很早就学会了在地震中的自保行为。学校里的小孩会钻到桌下寻求保护。

地震演习时，大人们练习用电锯把伤员从汽车里营救出来。

美国加利福尼亚州的更格卢鼠拥有对地震的第七感。它们可以感知到速度较快却极其微弱的地震波，并第一时间在更强并且较具摧毁力的地震来临前逃出洞穴。

来自地球的火

火山爆发时呈现的自然景观令人难忘，但它们同时也充满了危险。火山喷发大都发生在板块交界处，在那里，形成海床的海洋板块被挤压到大陆板块下方。下沉的海洋板块在深处被熔融，其中所包含的物质变成岩浆升向上方。熔化的岩石含有非常多的水蒸气与其他气体，它们使这些火山变得非常容易爆发。太平洋沿岸一带有许多极易爆发并且无法预测的火山，这些火山排列成了一个环形，人们也称它们为"火环"，或环太平洋火山带。

热　点

火山也可以位于板块中间位置。当大量的岩浆像滚烫的大泡一样聚集在板块下方，就会形成火山。这些地方被称为"热点"，它们会像焊枪一样，在地壳上烧出一个个的洞。这样就形成了一连串的火山链，例如夏威夷群岛。但其中有许多火山无法到达海面，所以就成了海底火山。因为热点火山的熔岩只含有很少的水蒸气，所以它们也不太容易爆发。

小心，熔岩！

新喷出的熔岩温度高达 800℃至 1200℃。所以火山学家们在对火山进行采样检测时必须要佩戴防护头罩和手套，必要时还需要穿着银色的热防护服，它们可以反射热辐射。因为大部分熔岩流动速度缓慢，所以人们可以有足够的时间步行避开它们。尽管如此，科学家们仍然不可以掉以轻心，要注意不让自己突然被熔岩所包围，因为有的熔岩流速可达到每小时60 千米以上。

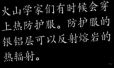

在美国黄石国家公园的温泉下方，有一座超级火山正在暗中沸腾着，它可以给美国大部分地区带来毁灭性的危害。

火山学家们有时候会穿上热防护服。防护服的银铝层可以反射熔岩的热辐射。

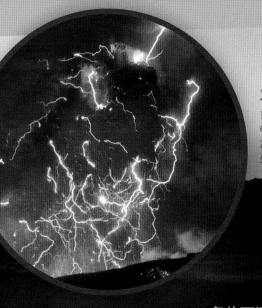

火山雷暴

当细小的火山灰颗粒相互摩擦，产生电荷时，就会形成火山雷暴。在火山灰云中会产生危险的高电压，进而产生壮观的闪电。

火山泥流

火山泥流让人十分惧怕。这是一种从火山斜坡上生成并快速向下流动的泥流，它的速度可高达 160 千米 / 时。火山泥流通常会发生在众多火山被冰覆盖的地方，例如冰岛。当火山爆发时，冰被融化，并且与融水、岩石碎块、火山灰与熔岩混合在一起，成为危险的泥质洪流。

炙热而迅猛

更具有破坏力的是火山碎屑流，这是一种由火山灰、热气体与熔岩所组成的混合物。火山灰与热气体像气垫一样携带着不同大小的熔岩，如果它们发生爆炸，就会释放出气体，从而使火山碎屑流不断膨胀。火山碎屑流的速度可超过 400 千米 / 时，并且它的温度可高达 800℃。

皮纳图博火山沉睡了 600 年。1991 年 6 月，它突然爆发，并且喷出约 5 立方千米的火山物质，灰尘云上升了 20 多千米。

知识加油站

▶ 从地下喷出的岩浆流动性越大，火山爆发的威力就越强。

▶ 当熔岩的黏滞性较低时，它会从较宁静的火山口溢流出来。虽然这些熔岩可以流到很远的地方，但仍被人们视为是破坏性较小的火山喷发。

▶ 如果从地下喷出的岩浆黏滞性很大，就会出现爆发式的火山喷发。这时，热气体、熔岩与灰尘会被喷到高空中。巨大的气体压力导致强烈的火山爆发，此时上吨重的固化熔岩块都可以被抛到数千米的远处。

风是如何 形成的?

地球上的空气像一个海洋,而我们生活在这个海洋的海底。包围着地球的大气层非常薄,并且在不断运动着。而我们的天气变化就发生在大气层中最靠近地面、密度最高的一层:我们称它为对流层。根据纬度的不同,对流层最高可以达到 16 千米,其中包含地球上大部分的空气以及大气中几乎所有的水蒸气。

地球的天气受多个大气环流的影响,比如飓风的路径就会受到大气环流的影响。

极地环流

60° N

费雷尔环流
(中纬环流)

西风带

30° N

副热带高气压带

哈德莱环流
(低纬环流)

东北信风带

赤道低压带

0°

哈德莱环流
(低纬环流)

东南信风带

30° S

副热带高气压带

费雷尔环流
(中纬环流)

西风带

60° S

极地环流

500 千米

散逸层

80 千米

热 层

50 千米

中间层

15 千米

臭氧层

平流层

对流层

大气层分为数层,并且包括了高度大约为 100 千米的范围。我们的天气变化主要发生在对流层,它的厚度约有 15 千米。

天气引擎——太阳

地球上所有的天气现象都受到太阳的驱动。太阳光加热了地面、水和空气。当空气受热就会膨胀,热空气比冷空气轻,所以会向上升,而冷空气随之涌入热空气下方的间隙处。这些冷空气也被加热上升,它们在高空变冷,又在其他地方下降到地面。整个地球都被这些环流区域所包围着。受到太阳驱动的大气循环形成了我们天气。

➤ 你知道吗?

6 月 15 日是全球风能日。为了让人们注意到风能是一种重要的能源,世界各地都会在这一天举办各种活动。其中包括展览与讲座,参观某些被选中的企业,帮助人们进一步了解这个主题。还有摄影大赛向人们展示,风是怎样影响我们的生活的。不恐高的人还可以体验一下登上风力涡轮机的乐趣。

5 级风力

9级风力:烈风使海面变得汹涌，不断地把浪潮推向海岸。

蒲福风力等级	风速 千米／时	风级标准说明
0	<1	无 风
1	1~5	软 风
2	6~11	轻 风
3	12~19	微 风
4	20~28	和 风
5	29~38	清 风
6	39~49	强 风
7	50~61	疾 风
8	62~74	大 风
9	75~88	烈 风
10	89~102	狂 风
11	103~117	暴 风
12	>117	台风、飓风

12 级风力

测量风力

弗朗西斯·蒲福于 1806 年拟定了一种根据风对地面物体或海面波浪的影响进行等级划分的标准。它将风的强度从弱到强划分为 0~12 级。这个分级标准对帆船航行特别重要，后来也被应用于陆地。

从风到飓风

虽然空气很轻，但它也具有一定的重量。我们将所承受的大气压力称为气压。根据某个地方大气压力的多少，可分为高气压或者低气压。在气象图中，H 表示高气压带，T 表示低气压带。空气始终是由高气压带流向低气压带，从而形成了风。风力等级与气压差有关，气压差越大，风力等级就越高。流动的空气让人觉得清新，让树叶沙沙作响，但如果它形成了飓风，就会释放出破坏性的能量，能将大树连根拔起，甚至掀走房屋屋顶。

雨、雪、冰雹

在气象学中，人们把对流层中水平方向上分布均匀的较大空气团称为气团。它们一直处于运动中，并且相互碰撞。当冷气团主动向暖气团移动，这种现象称为冷锋。这时冷气团会移动到暖气团的下方，并且推动暖气团往上抬起。如果暖气团主动移动向冷气团，则称为暖锋。在两种情况中，暖空气都会在高空遇冷凝结，水蒸气会凝结成云。云中的小水滴凝结成较大的水滴，在温度较低的情况下，它们也可以冻结成雪与冰，有时甚至会形成雷暴或冰暴。如果天空出现降雨、降雪，或者降冰雹的气候现象，并伴随着暴风、闪电与雷鸣，背后所隐藏的原因就是太阳的能量。

龙卷风的 威力

这个巨大的超级单体中的强烈上升气流会产生雷暴与冰雹暴，有时也会形成龙卷风。

具有超高能量的雷暴云被称为超级单体，它们常常伴有暴雨、冰雹，甚至是龙卷风。龙卷风是一种具有破坏力的旋风，它属于最让人惧怕的气候现象之一。龙卷风会在狭小的空间里聚集大量能量，并且变化莫测。这条可以吸入一切的"象鼻"会突然改变移动方向，所以人们几乎无法预测龙卷风会刮向哪个方向。

"象鼻"的摧毁性力量

与巨大的飓风相比，龙卷风更像是小型旋风，它从雷暴雨的下方如同一条软管一样伸出来，并且可以直达地面。这条从云中长出来的"象鼻"的直径有时只有几米，但有时也可以像整个村庄那样大。"象鼻"内部的气压非常低，这导致了强烈的上升气流。龙卷风的外形就像一台巨大的吸尘器，它会吸入周围的一切，掀掉房屋的屋顶，并且把树木、家具与汽车都卷到空中，这使龙卷风成了最危险的自然力量之一。幸运的是，它通常持续不到一分钟的时间。但历史上曾经也有过某些持续一小时甚至几天的龙卷风，它们使多处的城市与乡村都遭到大面积的破坏。

有时候也会同时出现多个龙卷风。这几条"象鼻"触及地面时，就会变得特别危险。

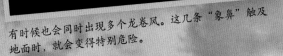

▶ **你知道吗？**

在德语中，龙卷风又被称为"Windhose"。Wind 是风的意思，hose 是裤子。但这个名字的来源并不是"裤子"，而是英语中的"hose"，也就是"软管"。

探测龙卷风：龙卷风专家正在使用移动式雷达，试图检测出哪些雷暴云会形成龙卷风。

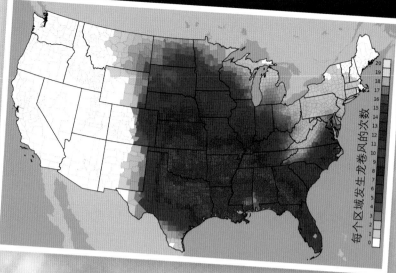

数量最多并且也最危险的龙卷风会在春季沿着美国中西部的"龙卷风走廊"陆续出现。

每个区域发生龙卷风的次数

集中的力量

多个龙卷风经常会同时出现，人们称这种现象为"龙卷风爆发"。美国中西部地区是遭受龙卷风侵袭次数最多的区域，因为来自北极地区的冷空气会在这里遇上来自南方的暖湿空气，以及来自亚利桑那州与新墨西哥州沙漠的干燥空气。在这片被称为"龙卷风走廊"的地区，每年会发生几百次龙卷风。所以那里的人们在大多数房屋内建造了特殊的龙卷风避难室。龙卷风的破坏力巨大，当人们从避难室出来时，发现自己的房屋已经成了一片废墟。

欧洲的龙卷风

在中欧，甚至在德国有时也会出现龙卷风，但在这些地区最常出现的是尘卷风。这是一种威力要明显小得多的旋风，它们的出现是因为风的变化使上升的空气产生旋转运动。人们可以看见这些旋风，因为它会吸入灰尘与树叶，它的名字尘卷风也来源于此。这种旋风在海面上会把水吸到上方。虽然这种水上的尘卷风比龙卷风的程度要弱，但它们也足以使大小船只倾覆。

藤田级数

20 世纪 70 年代以来，人们就开始使用藤田级数来衡量龙卷风的强度。它包括 6 个等级：EF0、EF1、EF2、EF3、EF4 和 EF5。其中 EF5 级龙卷风的破坏力是最强的，它们可以从地基上刮走木制房屋，并且使汽车与其他沉重物品飞到 100 米远的地方。这种特别强劲的龙卷风的风速为每小时 419~512 千米，它们甚至可以从树干上刮飞树皮。破坏力要小很多的 EF0 级龙卷风的风速每小时"只有"64~116 千米，但它还是足以把树上的树枝吹断，或者将整棵树吹倒。

美国俄克拉荷马州的穆尔龙卷风发生在 2013 年 5 月 20 日，风速最高达到 320 千米 / 时，龙卷风的直径为 2 千米，并且在人口密集的区域留下了一条长达 27 千米的破坏带。

热带气旋

从太空中观看，热带气旋非常美丽：它是一片亮白色的圆形云彩，直径可达1000千米，甚至更大。气旋的中心是它深色的风眼。如果人们在地面上遇到这样的旋风，就能体会到它巨大的能量。它的风速可达300千米/时，使各种碎片飞扬在空中，它还能带来暴雨与风暴潮。这些风暴可以持续数日，甚至数周，它们使沿海地区受到破坏，甚至在海上也可以威胁大型船只的安全。

飓风、台风、旋风

飓风、台风和旋风都是热带气旋，只是因发生地不同而有了不同的称谓。在大西洋上形成的热带气旋被称为飓风，发生在太平洋上的被称为台风，而在印度洋及澳大利亚的则被称为旋风。此外，在澳大利亚的热带气旋也被人们称为"畏来风"。然而，不管它们叫什么，它们本质上都是热带旋风，是我们地球上最强的风暴之一，总是以同样的方式形成。

飓风的形成

热带气旋形成于热带、亚热带地区的海面上。那里的阳光照射非常强，导致大量水分蒸发，含有水蒸气的暖气团上升，形成了大量的雷暴云，这些雷暴云聚集到一起，形成了所谓的雷暴群。这些云刚开始处于无序的并立状态，当高空的风把它们吹到一起，并且由于地球自转，它们形成了旋风特有的旋转形状。通过旋转，旋风的风速也渐渐加快。当它的速度超过63千米/时的时候，就被人们称为热带气旋。当它的速度大于119千米/时的时候，人们就称它为飓风、台风或者旋风。在气旋的中心，也就是风眼，只有一些微风，但在包围风眼的风眼墙内却有强烈的雷暴，而且其中的气流可以达到很危险的高速。整个旋风的移动速度偏慢，只有15~30千米/时。

经过专业训练的飞行员正驾驶气象飞机飞往飓风的风眼，气象学家会在那里投下测量探头。

不可思议！

发生在2005年的飓风威尔玛是大西洋有记录以来最强的热带气旋，飓风中心的风速高达290千米。飓风最强烈时，速度高达340千米每小时。

飓风等级

飓风的强度通常根据萨菲尔－辛普森飓风等级（SSHS）来划分，它共分为5个等级。每增加一个等级，破坏力就会增加约四倍。

等 级	风速（千米/时）	标 志
	119~153	弱
1级	154~177	中 等
2级	178~208	强
3级	209~251	很 强
4级	> 251	毁灭性
5级		

2005年8月，"卡特里娜"飓风横扫了佛罗里达州和墨西哥湾，之后又登上了美国南部海岸。

堤坝被冲垮：新奥尔良的大部分地区都被淹没。

许多人失去家园，无家可归。

热带气旋

热带气旋并不是均匀地分布在世界各地。有些地区会受到比其他地区更大的破坏。大多数热带气旋发生在北纬30度和南纬30度之间，因为那里的海水温度足够高。此外，由于地球自转的偏向力（科里奥利力）在南北纬五度才开始变得足够强大，所以热带气旋很少赤道附近生成。下图显示了1985年至2005年期间热带气旋的移动路径。

风暴和它的后果

热带气旋总是形成于海洋上空，所以它会在前往海岸的途中产生风暴潮，当抵达陆地时，巨大的浪潮便会将大陆淹没。此外，风暴中所含的水分会以暴雨的形式降下来，许多沿海城市就这样被淹在水里。由于水汽中蕴含的潜热是热带气旋的能量来源，所以当它通过大陆或者遇到冷空气时就会慢慢"消停下来"，威力逐渐减弱，直至完全消散。

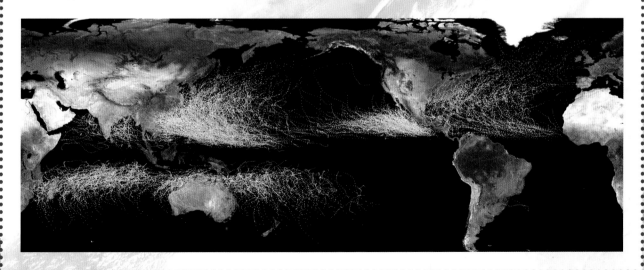

雷和电

全球平均每秒约有一百次闪电，每天有超过八百万次的闪电。

小小的积云本身并没有危害，当它们累积到一定程度，形成云体高耸的积雨云，随后就会带来雷雨。特别在炎热的夏天，湿热的水蒸气不断上升，在高空遇到冷空气，就常常会成云致雨。空气中无法看见的水蒸气在高空遇冷凝结成小水滴，无数的小水滴聚合成我们看到的云。

雷雨云（积雨云）

雷雨云的高度可达 15000 米，它常常会带来暴风雨。水蒸气在寒冷的高空凝结，云层内会下雨，下雪，或者下冰雹。这些水滴、冰晶或冰雹随着流动的空气到处飞扬，并且一次次地被巨大的、风暴似的上升气流吹往高空。通过这些快速运动，小颗粒们产生了电荷，整个云层就会充满正电或负电。

天空放电

如果云层内的电压过高，就会以闪电的形式发生放电。对于云中放电，我们无法观察到闪电的痕迹，只能看到云层在发光，这种常见的闪电形状被称为片状闪电。我们能看到的，是云间放电和云地之间放电。首先会出现一道肉眼难以看见的闪电，被称为阶梯先导，它的作用相当于一根导线，连接云层和地面。最后我们看见的其实是主放电阶段，它的路径相反，是从地面直达云层。同一条闪电路径通常会持续分批放电，正是这样，我们才能观察到闪电的闪烁。

不可思议！

实际上，20 千米以外的雷雨中发出的闪电也有可能击中我们。

你知道吗？

声音在空气中传播一千米大约需要三秒钟。当你看到闪电时，你就可以开始计数：一秒、两秒、三秒……当你听到雷声，如果从此时开始计数，闪电已经过去了六秒，这说明雷电已经距离我们两千米。

雷雨云的典型形状：底部平坦并且界线分明，不断向上堆积。

闪电的温度非常高，可以熔化沙子。雷击过的地面上会形成闪电熔岩，它会显示闪电击中地面的路径。

七 次

森林护林员罗伊·C·沙利文曾被七次闪电击中，但他每次都幸免于难，只轻微受伤。他甚至成为吉尼斯世界纪录大全中被闪电击中次数较多的人。

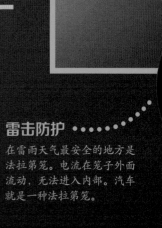

雷击防护

在雷雨天气最安全的地方是法拉第笼。电流在笼子外面流动，无法进入内部。汽车就是一种法拉第笼。

雷声

主放电过程也是造成雷声的主要原因。闪电放电时会将附近的空气在短短一瞬间加热到至少30000℃——这个温度大约是太阳表面温度的六倍。闪电周围的热空气以超音速膨胀，于是形成了雷声。因为声音的传播速度只有每秒钟大约330米，非常缓慢，但光线的传播速度是难以置信的每秒30万千米，所以我们听到雷声就比看到闪电晚。

雷雨有多危险？

如果你在雷雨天气注意防护，遭雷击的可能性就非常低。然而每年都会有成千上万的人遭受雷击。雷击的大部分电流通过人的皮肤流入地面，有可能只导致轻微的灼伤，但更可能导致呼吸和心脏骤停。在德国，每年有大约五到七人死于雷击。不过，大多数雷击受害者都幸存了下来。

在雷雨天气中，正确的做法是：

▶ 不要放风筝。
▶ 避免接近树木或电线塔。
▶ 立即离开室外游泳池（包括湖泊）。
▶ 寻找带有避雷装置的建筑物或者汽车进行防护。
▶ 与金属栏杆保持足够的距离，因为闪电可能会从那里跳到你身上。
▶ 如果你在露天的地方突然遇到雷雨，请寻找地势低洼处并蹲下，将双脚靠拢并用双臂抱住膝盖。千万不要直立，也绝对不要平躺。

滔天巨浪

海啸是较为可怕的海洋现象之一。当海面涌起危险的海浪，并快速冲向不同的方向，这并不会造成任何损害。只有当海啸袭击海岸时，才会展现出毁灭性的力量。海啸波浪通常是由海底地震引起的。海底地震时，海床会突然升起或下降数米，这时大量的海水就会被猛然移动，并且形成长波大浪，在海洋深处，这些波浪的速度可高达每小时 800 千米。

海啸的发展

在茫茫大海上，海啸波浪几乎难以被人注意，它们虽然长达几千米，但只有几厘米到一米高。然而，在海啸波浪从海岸的浅水区堆积成为巨大的水墙之前，会产生一种奇特的景观：海水首先从岸边后撤数百米，后退的海水与冲过来的海啸波浪结合在一起，形成连续运动的多个水墙——波浪链。这些海啸波浪来袭的间隔通常是几分钟到一小时，高度可达 30 米。海啸带来的海水会淹没沿海地区，把沙子从海滩上冲向陆地。海啸所到之处会卷走树木、汽车、动物和人，随后的吸力又会把这些东西都拉回海里。

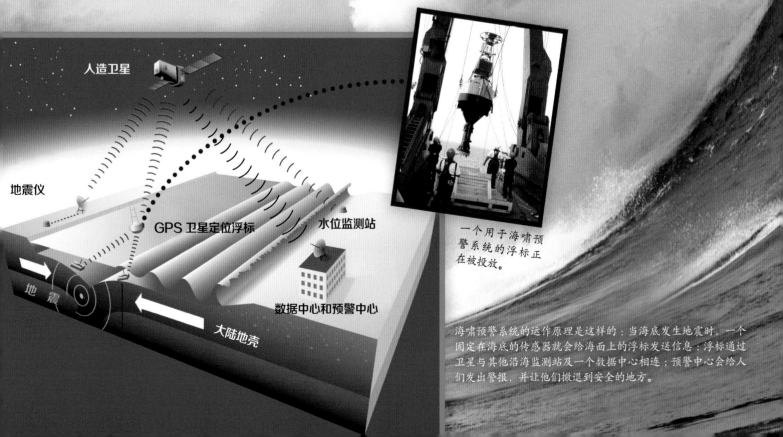

人造卫星

地震仪

GPS 卫星定位浮标

水位监测站

地震

数据中心和预警中心

大陆地壳

一个用于海啸预警系统的浮标正在被投放。

海啸预警系统的运作原理是这样的：当海底发生地震时，一个固定在海底的传感器就会给海面上的浮标发送信息；浮标通过卫星与其他沿海监测站及一个数据中心相连；预警中心会给人们发出警报，并让他们撤退到安全的地方。

在这个模拟装置中，日本研究人员正在利用人造海啸波进行试验。

长久以来，人们以为异常的巨浪只是水手传说。

2002年，"威望"号邮轮在西班牙北部海域沉没，罪魁祸首可能是"疯狗浪"。

印度尼西亚的班达亚齐市：2004年12月6日，海啸冲走了大部分房屋，并且毁坏了田野和道路。

海啸预报

目前来看，海啸还是没法完全准确预测。但是，在海啸的重灾区已经建立了预警系统来检测海啸的预兆。预警系统由海床上的压力传感器和海面上的浮标组成，它们将那些测量值传送给数据中心。另外，在沿海还会设置地震仪和水位监测仪，全球定位系统（GPS）和卫星会监测海洋信息。如果地震源离海岸足够远，人们就会及时得到警告，并躲到安全的地方。

"疯狗浪"

异常巨浪与海啸波浪的表现完全不同。这些水墙会出人意料地出现在海面上，它可能会损坏船只，甚至使大型船只沉没。这种"疯狗浪"可以达到30米甚至更高，是有效波高的两倍左右。"疯狗浪"也被水手们称为异常巨浪，直到1995年，"疯狗浪"才被证实不是水手传说。在除夕夜，挪威北海石油平台Draupner-E上的自动波浪测量设备记录了26米高的波浪。同年9月11日，英国豪华邮轮"伊丽莎白女王二号"在纽芬兰群岛附近遭到巨浪袭击，并受到严重破坏。

浪"吃"浪

关于这些巨大的波浪是如何形成的，目前还没有可靠的科学解释。在快速洋流和因强风而产生的波浪相遇的地方，普通的波浪最有可能组合成一个巨大的波浪。但是在即使没有异常洋流出现的地区，卫星也监测到突然出现的异常巨浪。根据在计算机上的模拟和在波浪水槽里所进行的实验表明，波浪可以"吞下"邻近的波浪，变成一堵巨大的水墙。异常巨浪非常可怕，而且发生得可能比以前更为频繁，它造成了大量船只在海上失踪。

知识加油站

▶ 疯狗浪是一种巨型而快速移动的波浪，它的方向与其他海浪不一致。

▶ "白墙"是一道又高又宽的波浪，浪花从波浪的最高点冲下来，这使整道波浪看起来像一堵白墙。

▶ "三姐妹"通常是指三股快速而连续的巨浪。

白色的危险

有山坡的地方，容易发生山体滑坡和积雪滑落，也就是雪崩。雪崩可以分为块雪崩和粉雪崩。当一层固态积雪斜沿着陡坡，像滑板一样整体滑向山谷时，就会形成块雪崩。相反，粉雪崩是从一个点开始的，通过连锁反应增长，途中会卷起越来越多的雪，体积和动力也会越来越大。

雪崩是怎么发生的?

当陡坡上不稳定的积雪遭受刺激开始运动时，巨大的积雪团就像雪崩那样滚落到山谷中。坡度在 30~50 度之间时最危险。斜坡如果再陡一些，就很难形成积雪；如果再缓一些，雪就不容易滑下来。

即使是由风或冬季运动造成的轻微振动也会引发雪崩。同样地，解冻或嘈杂的噪声也是雪崩发生的原因。

粉雪崩

大块、松散的积雪从陡坡滑落下来时，不断把周围的雪和气体卷到雪云里，形成一个雪和空气的混合物。雪崩前方会形成巨大的压力，同时后方产生吸力。这种压力－吸力效应将越来越多的雪卷进雪云里。

粉雪崩速度不断加快，经常超过 300 千米／时。为了更好地了解雪崩，研究者们在水底按照 1:10000 的比例建造了一个雪崩模拟斜面。合成材料颗粒相当于慢镜头的粉雪崩。研究者们想根据实验数据制作出电脑支持的预报模型。

强风常常造成斜坡积雪，这些危险的积雪很容易滑落并跌入山谷。因此在这里逗留是很轻率的行为！

为了找到被掩埋的受害者，人们会派出搜救犬。它们高灵敏的鼻子可以在雪中嗅到受害者。

遇到雪崩时，一定要设法待在雪堆表面。雪崩气囊可防止人被掩埋：出现危险时，你拉动开伞索，气囊背包会鼓起来以防被雪崩吞噬。

为了让灾难不再重演，加尔蒂镇的人们修筑石墙来防止雪崩。

➡ 你知道吗？

除了雪崩，还有冰崩、山崩和泥石流。当巨大的冰块从冰川上滑落并呼啸着坠入山谷时，冰崩就会发生。山崩时整个山坡都有可能一倾而下，滚落的岩石和石块会摧毁山下的一切。泥石流是水、土壤和鹅卵石的混合物，往往由暴雨引发，因为雨后的山坡极不稳定。

加尔蒂雪崩

同往年一样，1999年1月，白天暖和怡人，高温使得积雪不断融化；然而到了晚上，气温骤降至零摄氏度以下，地面再次凝结成冰，奥地利小镇加尔蒂整片田野被光滑的冰雪覆盖。然而到了2月，加尔蒂却笼罩在寒冷和大雪之中，新雪不断累积，在光滑的土壤表面形成了一层厚约四米的粉状雪盖。雪盖最终融化并向加尔蒂奔泻而来，重达30万吨的雪团摧毁了树木和房屋——甚至是位于镇内雪崩安全区的房屋也无一幸免。这场雪崩掩埋了50多人，夺走了31人的生命。

雪崩防护

如今，加尔蒂镇修筑了一道世界上最大的拦雪坝，墙体长345米，高19米。周围还设置了钢丝栅栏、铁丝网和铁质栅格结构作为防护措施，旨在防止积雪在危险区域滑动。当然，对付雪崩的最好办法是种植茂密的针叶林，也就是防护林。此外，在堆积的雪层还不足以构成威胁的时候，人们可以在危险地带人为地制造雪崩。这样做能够为易于发生雪崩的地区提供一段时间的安全保障。

雪崩救援

雪崩发生后，必须尽快搜救被掩埋的人，因为人类被掩埋在雪中只能存活很短的时间。雪崩救援会使用直升机、搜救犬、探杆和生命探测仪等。如果每个在滑雪道旁运动的人都随身携带一个折叠的雪崩探针和一个雪铲，那就会大大提高获救的可能性。此外，头盔和雪崩气囊也可以起到一定的保护作用。

暴风雪和
冰暴

　　每当提到冰，提到冷，人们最先想到的就是格陵兰岛和极地地区，尤其是南极。南极大陆绝大部分地区被几千米厚的冰层所覆盖，因此，至今仍然没有常住民，只有少量的科学考察人员轮流在为数不多的考察站执勤，研究南极的天气、冰块和地理，并进行天文观测。其中，现属俄罗斯的东方站是最靠近南极点的一个考察站，科考队员会定期测量这里的温度。

暴风雪

　　当风暴伴随严寒袭来时，人们会感到非常不舒适。美国最大的科学考察站就位于麦克默多湾附近，这里一年内多次被持续数周的暴风雪肆虐，风速可达 160 千米 / 时，所以这块区域也被人们称为南极的"暴风雪大道"。暴风雪的风速至少是每小时 56 千米，也就是说当寒冷而密集的气团从高海拔的内陆地区吹向周围海滨地带，并攀升到更薄、更温暖的空气上方时，才会形成暴风雪。在全球范围内，南极地区的强风最为猛烈，但是暴风雪并不仅仅局限于南极洲，在中国、美国、加拿大和欧洲部分国家也会发生暴风雪。

▶ 你知道吗？

　　研究人员发现，距今 5000 多万年前，南极洲的平均温度在 20℃ 以上，比现在高 50~60℃。人们在钻探时发现的植物化石也说明，南极曾经有一片可以媲美新西兰的雨林。

2007 年，俄克拉荷马州发生了严重冰风暴，导致电力塔弯曲。

➡ 最低纪录
零下 **93.2°C**

2010 年 8 月，卫星测得南极洲东部的温度是零下 93.2℃。在这个温度下，连呼吸都很困难。

冰暴：2005 年 1 月，一场冰暴使美国东北部陷入瘫痪。

冰 暴

当亚热带湿热的暖气团遇到极地冷气团时，北美、欧洲和北亚等地便会形成冰暴。暖空气遇冷被抬升，水汽凝结，成云致雨。雨滴落入较冷的空气层，尽管空气层里的温度较低，但液滴仍保持液态状，这种液滴也被称为过冷液体。如果这些液滴最终落到寒冷的地面或其他固态物体上，它们会立即冻结。道路、房屋、汽车、树木和电线都会在很短的时间内覆盖上一层不断变厚的冰层，冰层厚度可达二十多厘米。在冰块的巨大压力之下，电线杆可能会发生弯折；光滑如镜的道路上可能会发生车祸；脱落的电线发出的火花可能会引起火灾。1998年 1 月，加拿大和美国遭遇冰暴袭击时，魁北克和新英格兰地区被迫断电，灾害天气持续了数日到数周不等，共波及三百多万用户。

1936 年冬天，位于美国和加拿大边境的尼亚加拉大瀑布完全被冻结。

帝企鹅每年冬天都要忍受南极低至零下 70℃的气温。

知识加油站

▶ 暴风雪来临时，狂风暴雪会导致雪盲。此时，能见度不足一米。

▶ 为了不让自己迷失在茫茫雪原中，南极科考站的考察人员会拉紧导向绳，哪怕看不见也能重返基地。

森林火灾和灌丛火灾

其实早在人类出现之前，就已经有了天然的森林大火和丛林野火，自从人类会用火以来，大范围火灾的发生率明显增加了。这个现象说明，人类活动对火灾负有很大的责任。造成大规模森林火灾的原因主要有：焚林开荒、人为纵火和大意疏忽。此外，在持续干旱的情况下，森林和灌木丛都非常容易发生火灾，所以一旦有火种残留，哪怕是一点星火，也会引起火灾。除了人为火源，自然火源也是产生森林火灾的因素之一，例如雷击火等。通常，短暂的雷阵雨雨量太小，不能熄灭火源，这时火势就会蔓延成灾。

炽烈的地狱

每年秋末和冬季，当高温的"圣安娜风"从高原向下吹向太平洋海滨时，南加利福尼亚州森林火灾频繁爆发。"圣安娜风"又被人们称为"焚风"，它是由气团向西移动，在炎热干燥的莫哈维沙漠上升形成的又干又剧烈的大风。此外，这种干燥炎热的沙漠空气遇到狭窄的峡谷会急剧加速，使植物变得干燥，很容易发生森林火灾。一旦引燃树木，火势就会迅速通过暖风蔓延，树木因高温爆炸，释放出火花继续点燃周围的树木。强烈的焚风以超过 100 千米 / 时的速度吹来，推动火墙前进，并使火花跳跃数米。不仅如此，强烈的风力和不断改变的风向也给灭火工作造成了很大的困难。

亚马孙地区的居民为了获得耕地而焚烧雨林。

非洲大草原在燃烧，可能是雷击引起了这次大火。

火灾后的重生。
树木又重新长出了又大又绿的叶子。

红外感受器

大火中诞生的新生命

　　大火威胁生命。不仅仅是人类受到来自大火的威胁，动物也必须同火灾抗争。同人类一样，动物也试图逃离威胁——然而植物却做不到，整片森林都会在大火中化为灰烬。但是情况并不总是这样糟糕，也有一些植物，包括树木，已经适应了在大火中生活，这些植物被我们称为耐火植物。澳大利亚的桉树林或加利福尼亚的针叶林，有时甚至需要火灾才能继续存活。桉树树枝上和树干旁的幼苗似乎在等待下一场火滋润，因为只有在高温下，当叶子和树皮被烧掉时，新的枝叶才会长出来。而北美红杉的种子竟然需要靠火来传播：红杉果需要借助熊熊大火产生的热空气才能打开，里面的种子掉落到被草木灰施肥的土壤上。被大火焚烧过后的森林可以使更多阳光照射到地面，新生的植物便在一个阳光充足又没有干扰的完美环境中茁壮成长。

不可思议！

　　澳大利亚的火甲虫喜欢丛林大火，它的后腹部有红外感受器，可以感应 60 千米以内发生森林火灾的地方。火甲虫一旦探测到火灾，便立即出发前往火灾现场进行交配。因为火甲虫的幼虫只能在被火焚烧过的死树树干中生长，在活树中，它们会被树脂杀死。

知识加油站

▶ 当大火吞没树木繁茂的地区，并通过地面植被——当然还有树木——蔓延开来时，森林火灾便席卷而来。

▶ 灌丛火灾是指由草、矮树丛或灌木燃烧导致的火灾。

▶ 澳大利亚发生的野外火灾，甚至是森林火灾，都被称为丛林火灾。

这或许就是未来森林消防队员的样子。为了能更快地检测到火源并将其扑灭，马格德堡－施滕达尔大学研发出机器甲虫消防员 OLE（远离道路的消防设备）。

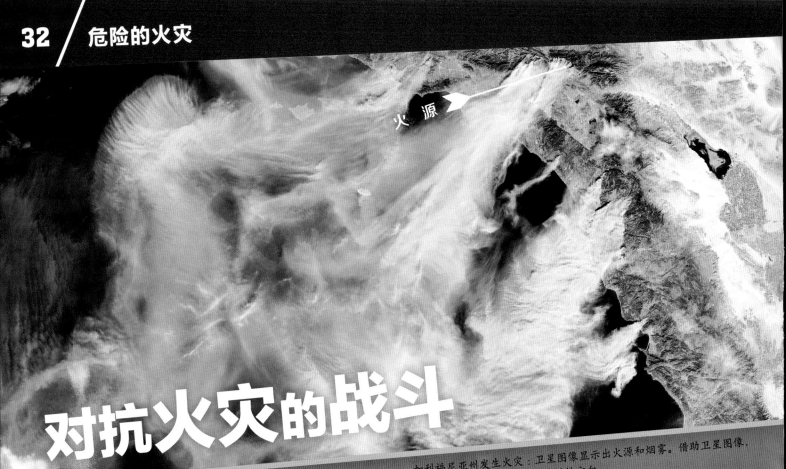

火 源

对抗火灾的战斗

加利福尼亚州发生火灾：卫星图像显示出火源和烟雾。借助卫星图像，消防员可以更容易预测大火蔓延的方向。

每年都会发生数以千计的森林、灌丛火灾，它们摧毁了动物赖以生存的栖息地，威胁着人类的家园。但是如果火灾没有破坏性，而且在可预见的时间内会自行熄灭，那么我们通常就会让大火燃尽。一旦火势失控并靠近居民点，消防员就必须出面干预了。对抗大火是一场艰难的战斗，有时候可能会持续几天甚至几周。

监测和预报

森林火灾越早被发现，就可以越快被扑灭，越快被控制住。卫星可以有效帮助我们及早从太空中观测到那些还未成长为大范围火灾的火势。德国卫星"鸟"正在寻找上升的烟雾，并利用红外传感器感知那些小火灾的热辐射。不仅如此，它甚至还可以测量出火灾的温度。

这样一来，地面消防员就可以知道哪里的火灾特别严重，必须先被扑灭。火灾专家也可以依据这些卫星图片来确认火灾蔓延的方向，从而帮助消防部门规划灭火任务，并降低消防员意外被卷入火灾的风险。例如在澳大利亚，借助卫星来进行大范围监控是十分必要的；在欧洲，有火灾隐患的地区由自动摄像机或飞机来进行监控。

干旱持续的时间越长，发生森林火灾的风险就越高。所以，一定要避免明火！

森林火灾
预警级别

灌丛火灾已经蔓延至居民点。

灭火直升机在燃烧的
森林上空洒水。

迎 火

　　一旦发现森林起火，消防队就会立刻出动。通常情况下会有多达一千名的森林消防员开着水罐消防车出警，他们配备防燃工具，抵达火灾现场时先从地面开始控制火势。他们在森林中开辟出一条消防通道，有针对性地点燃迎火。这样一来，原本的森林大火就被夺走了养分：当火势蔓延到这条通道时，就再也没有任何可燃物供它继续燃烧，大火就会自动熄灭。除此之外，地面消防员还常常得到来自空中的支援：灭火飞机或灭火直升机在火源上方喷洒大量的水或其他阻燃化学品。

消防英雄

　　如果无法通过公路或直升机直接抵达火灾现场，就会出动空降消防员。他们乘坐快速飞机飞向森林火灾上空，在火区附近使用特殊的降落伞跳下。为了避免在着陆时受到树木的伤害，空降森林消防员会佩戴头盔，穿上装有软垫的跳伞夹克和由芳纶制成的裤子——芳纶也是制作防弹背心的材料。他们携带的袋子里有饮用水、食物、手套、安全护目镜和一根绳子，绳子可以帮助他们从树梢上降落到地面，较重的设备则会被分开抛落。空降消防员试图用最简单的方法来对抗火灾，他们用锄头和铁锹挖壕沟切断野火。如果火势过猛，他们会使用链锯开辟通向森林的消防通道，并设置迎火。如果火势突然把他们包围起来，他们可以暂时待在铝制的帐篷里躲避一下，这个帐篷在短时间内最多可承受900℃的高温。

知识加油站

▶ 空降森林消防员每次跳伞时，都会携带重达 30 多千克的消防装备。

▶ 消防服和空降靴具有耐火性、耐热性和隔热性。

▶ 空降森林消防员的工作可分为三组：锯木工，用电锯砍伐树木；清洁工，将木材清理到一边；挖掘工，在地面挖出一条深深的消防通道。

空降森林消防员是我们的英雄。他们在森林大火附近降落，努力控制火情。

空降森林消防员用斧头和链锯开辟出一条林间通道，挖沟铲土，通过隔离带斩断火源，从而达到灭火的目的。

印度贾里亚镇的村落就位于地下煤火的正上方。脆弱的地面一旦坍塌，居民的房屋都会被大火吞噬。

如果地球起火了

在土库曼斯坦，居住在达瓦札村的人们把一个燃烧的天然气坑称为"地狱之门"。1971年，在寻找天然气时，钻探装置打穿地面，留下了一个直径约为70米的天然气坑。为了避免有毒气体外泄，人们将漏出来的天然气点燃，自此，大火一直在这里燃烧着。

森林火灾与灌丛火灾虽然破坏力大，但消防人员把它们控制住的机会还是很大的。相比之下，地下煤火更令人害怕，被扑灭的难度系数更大。当地下煤层起火时，消防员几乎没有机会到达火源处及时扑灭大火。引起地下煤火燃烧的原因虽然有自然因素，但多数时候是人为因素，哪怕是无意的人为因素：氧气通过采矿造成的地面裂缝与煤炭接触，并和它发生反应，由此产生的热量长时间聚集在煤矿地下巷道中，导致煤炭慢慢自燃。在地下巷道里，煤火在地下肆意蔓延。

生活在火焰之上

曾几何时，美国宾夕法尼亚州的小镇森特勒利亚生活着一千多人，如今仅剩下不到十几人。在这个城市下面，一场地下火灾通过煤层，即所谓的煤床，蔓延开来。这场地下火灾可能是由一个燃烧的垃圾坑引发的。火焰从那里开始蔓延到地下，点燃了一个煤层。燃烧形成的高温使得部分街道和地面开裂，有毒的一氧化碳和有害健康的硫氮化合物被释放出来。消防员曾一再试图用黏土、沙子和灰烬来灭火，但都没有成功。随着成功灭火的可能性越来越渺茫，人们终于放弃了继续灭火。

知识加油站

▶ 煤炭是原始森林的遗产。在高温高压的作用下，植物变成了煤炭。人类开采煤炭，把它作为发动蒸汽机、发电厂和火炉的能源。

不可思议！

温根山位于澳大利亚新南威尔士州，山下深藏的煤火已经燃烧了6000多年。温根山，又被人们称为"火焰山"，它号称是地球上已知的最古老的地下火。

燃烧的山

在德国，地下也会着火。德国杜特外勒镇有一座"燃烧的山"，从17世纪开始就一直在燃烧。现在依然有温暖的空气从岩石裂缝中向上渗透，偶尔还有白烟冒出。

灾 前

灾 后

森特罗利亚的地下煤火仅仅是美国已知的一百多起地下煤火之一。

一座城消失了

在地下煤火燃烧的头几年里，森特罗利亚的居民还很高兴，因为来自地球内部的热量使他们不必铲走人行道上的雪，在冬季中期，他们还可以收获西红柿。但是地下火逐渐向上蔓延，凹洞形成并爆裂，道路沥青在高温下向上隆起，树木也被烤焦烧死，一些居民因吸入从地下冒出的有毒气体而晕倒。目前，除了少数还在坚守的人，其他人都已经离开了他们的家乡。空置的房屋被拆除，森特罗利亚将逐渐从地图上消失。据估计，这场地下火灾将继续燃烧250年。

全球性的灾难

印度贾里亚的煤田已经燃烧了一个世纪。第一次火灾发生在1916年，从那以后，新的火灾不断发生。大约有60万人生活在这个危险的地区，他们大多患有癌症、肺部疾病和皮肤病，因为他们不合理地进行露天采煤。理论上，已经完成开采的矿道应该被水和沙子填满，但这种做法成本很高，因此人们并不总是这样做。这样一来，煤层便与氧气接触并发生火灾。在印度，一块面积为700平方千米的煤田上发生过150多起火灾，仅这个地方每年就有大约14亿吨温室气体二氧化碳被排放到大气中。这些火灾造成了环境污染和全球变暖。此外，中国、澳大利亚、俄罗斯、德国、奥地利以及非洲部分国家也有地下煤火。因此，地下煤火及其引发的后果是一个世界性问题。

1997 年，印度尼西亚遭受严重干旱。干旱破坏了防护植被，于是，风能吹蚀肥沃的土壤，造成永久性的环境破坏。

生活在撒哈拉沙漠的图阿雷格游牧民族的成员们穿着通风的衣服，以保护自己免受高温的侵害。

北京沙尘暴：沙漠不断扩张并威胁着中国首都。

极端天气

➡ 新纪录 0.7 毫米

位于智利阿塔卡马沙漠上的阿里卡年降雨量只有 0.7 毫米，即每平方米土地上的降雨量相当于 0.7 升的瓶装水。相反，在柏林年平均降雨量是 580 毫米，相当于每平方米土地上有 580 升的水。

近一个世纪以来，我们的星球一直在变暖。罪魁祸首主要是人类释放的温室气体，比如二氧化碳和甲烷。但是，全球变暖的影响因地区而不同，有些地区会发生破坏性的风暴和洪水，有些地区则会发生严重的旱灾。

极端热浪

我们常常把异常高温天气与非洲或澳大利亚等大陆联系起来。然而，事实上欧洲人也长期受热浪所害：植物枯萎，作物减少，水资源变得稀缺。尤其是 2010 年夏天，在俄罗斯西部地区，一些地方 7 月和 8 月的气温高达 40 摄氏度。数以百计的火灾肆虐，烟雾包裹了城市和乡村。大约五万五千人死亡，农业损失高达 120 亿欧元。

致命的干旱

如果干旱持续数月乃至数年，所有植物就会枯萎，土地也会变成沙漠。埃塞俄比亚和东非其他地区在 1984 年至 1988 年就曾遭受过这种灾难性旱灾。为了寻找食物和水，八百多万人不得不离开他们的村庄。造成这种干旱的主要原因是气候条件的异常。例如，主风向改变带来的是更多干燥的空气，而不是更多湿润的空气。一个强劲而持久的高压区也会长时间阻止云和降水的形成，从而引发干旱。

"厄尔尼诺"现象——
带来洪涝和干旱的男孩

"厄尔尼诺"是西班牙语,意思是"男孩"。这个名字源于秘鲁,并暗指耶稣圣婴,因为每隔几年在圣诞节前后,南美洲沿岸的海域总会异常升温,并给世界大部分地区的天气造成影响。太平洋上空的环流减弱,这样一来,温暖的海水经过太平洋向东逼近南美洲海岸。温暖湿润的空气在那里上升并带来强降雨,继而引发严重的洪灾;而在澳大利亚西部则没有雨水,到处是干旱肆虐。"厄尔尼诺"现象发生时,海水温度会出现异常,洋流和气压系统也会发生改变。

大 旱

在 20 世纪初,数以千计的开拓者搬到了美国中西部地区。这里的气候温和多雨,还有很多肥沃的土壤,非常适合发展农业。开拓者们在这里开垦草地,种植谷物。但在 1931 年,雨水减少,土壤水分不足,农田被风吹蚀。这场干旱持续了数年,农民不得不离开他们的土地。而科罗拉多州、俄克拉荷马州、堪萨斯州、新墨西哥州和得克萨斯州也因此成了有名的风沙侵蚀区。

像盂加拉国这样地势平坦、深入内地的沿海国家,经常会遭受洪涝灾害。

被淹没的土地

虽然听上去自相矛盾,但全球气温升高确实会导致总降水量持续增加,原因是暖空气比冷空气能吸收更多的水汽。因此,近几十年来,海洋上方的空气湿度明显增加。如果这些潮湿的气团经过大陆,并且遇到较冷的气团,就会出现雨雪天气。因此,河水经常会溢出河堤,甚至在欧洲中部也会发生严重的洪灾。

德国洪灾:2013 年 6 月,易北河的河水溢出了河岸,道路被水淹没,房屋被水包围。

今天欧洲所在的地方，冰河时期曾有巨大的猛犸象在此吃草。随着大约1万年前冰量的减退，这些令人印象深刻的动物也消失了。

冰河时期

如果一个地区的平均气温、风向和降水量多年来都保持相对稳定，那么这种较长时间内平均且连续的天气就被称为该地区的气候。

喜怒无常的气候

科学的气象记录仅有大约300年的历史，在格陵兰冰川和南极冰川中却储存着更早的气象信息。冰的物理属性和化学成分表明，与今天的气候相比，那时的气候有时更寒冷，有时更温暖。造成这种情况的原因有几个：地球围绕太阳运行的轨道数千年来一直在变化；地轴的不均匀倾斜；太阳活动的轻微变化。因此，地球上不同区域的能量供给也在不断变化，有时会更多，有时会更少。由此可见，自然气候变化和温度波动已经由来已久了。

宇宙雪球

几亿年前，地球还是一个被冰雪覆盖的行星，从海平面直至海底都结冰了。当时的地球就像一个巨大的宇宙雪球。有人推测，在距今约7.5亿到5.8亿年前，地球曾经四次形成了这样的雪球。但是，这个理论是有争议的。在侏罗纪和白垩纪时期，整个地球就完全没有结冰，当时恐龙还活着，海平面比现在高出一百多米，大洲的大部分地区——当时的分布情况完全不同——处于水下，地球经历了好几次大冰河时期。在冰河时期，寒冷期和温暖期不断交替出现。最后一个伟大的冰河时期大约开始于240万年前。

尼安德特人是冰河时代的优秀猎手，他们抵抗住了寒冷，却屈服于现代人。

➡ **你知道吗？**

全球有五个不同的气候带，它们几乎与纬度平行：北极和南极周围两个寒带，南北相对的两个温带，赤道附近的一个热带。同一气候带内各地区的气候非常相似。

宇宙雪球：在几亿年前，地球上的海洋从海平面直至海底都会结冰。

冰下的柏林

两万年前，北美和北欧的大部分地区还被巨大的冰原覆盖。今天住在纽约或柏林的人大多不知道，如今有数千万人生活的地方，曾经有几千米厚的冰层。冰块的边缘是广阔的平原，上面有猛犸群、野马和长毛犀牛经过。尼安德特人在冰川时期的欧洲至少生活了30万年，他们和后来从非洲北上、并在亚洲和欧洲定居的现代人，都很好地适应了寒冷期和温暖期的交替变化。大约在3万年前，尼安德特人消失了，而现代人也经历了最近一次交替变化，进入了温暖期。目前这个温暖期已经持续了大约1万年。在这个被我们称为间冰期的阶段，人们定居下来，开始种地和放牧。这样，大城市的先进文化就发展起来了。

然而，这个间冰期也终有一天会结束，新的冰期可能来临。像柏林和纽约这样的城市又要被掩埋在厚厚的冰层下了。

"小冰河时期"

从历史文献和油画中得知，15世纪到19世纪的北美和欧洲比中世纪时期还要更冷。在这个"小冰河时期"（约1400年至1850年），湖泊、运河、江流以及波罗的海部分地区冻结，阿尔卑斯山的冰川推进到山谷地区——这些与格陵兰岛冰盖下冰芯的测量结果相吻合，因此，"小冰河时期"结束了中世纪一个较长的温暖期，并从15世纪开始带来了特别寒冷漫长的冬季和凉爽而多雨的夏季。这也是当时收成非常糟糕的原因。科学家们猜测，可能太阳辐射的微小变化，尤其是一系列较大的火山爆发，导致了全球较长时间持续降温。个别火山喷发，即使它们威力巨大，也只会导致温度短期降低。1815年，坦博拉火山在印度尼西亚爆发，这次火山爆发是人类历史上最强烈的一次。

大量灰烬和火山气体被吹入大气层。即使在遥远的欧洲，天空也暗淡下来。全世界的气温都下降了。第二年，即1816年，成了"没有夏季的一年"，欧洲和北美的作物也都出现了歉收。

"小冰河时期"：1565年的严冬，荷兰结冰了。

天气越来越热，越来越热

尽管近几十年来，我们的星球升温越来越剧烈，但我们仍然在过度地燃烧煤炭、石油和天然气。在这个过程中，大量的二氧化碳（CO_2）进入地球大气层，阻止热辐射排放到太空中。二氧化碳类似苗圃里的玻璃温室，能够保持热量不散失。所以二氧化碳是一种温室气体，使全球平均温度上升。这种全球升温的现象也被称为温室效应。

这对地球来说意味着什么呢？

在过去的一百年中，二氧化碳的含量增加了三分之一，地球大气的平均温度上升了大约0.5摄氏度。这听起很少，但带来的后果却是很严重的：高山上的冰川正在消退，两极冰盖正在萎缩。在南极，冰川也越来越频繁地融化：像德国联邦州面积一样大的冰块发生破裂，漂向温暖的赤道地区，并在那里融化。

在冰里存储着关于过去数千年气候的信息。冰芯中含有灰尘和气体杂质，它们揭示了几千年前气候的温暖程度。

气候档案库——格陵兰冰：科学家提取了格陵兰岛的冰芯，用于在实验室里进行后续研究。

北极警报！北极冰盖正在消失，夏季海冰的面积在短短几年内急剧减少。

1980

2012

树木——气候的见证人。树木每年都会长出一圈新的年轮：在温暖湿润的年份，长出一圈宽年轮；而在寒冷干燥的年份则新增较窄的一圈年轮。

由于海平面的不断上升，越来越多的沿海地区将被淹没。也许到时候会有很多人住在漂浮的房屋里。

海平面上升

在 20 世纪，海平面上升了 17 厘米。而仅在过去的 20 年间，海平面就上升了 6 厘米，并且目前看不到停止上升的趋势。现在每年海平面上升约 3.2 毫米。造成这种情况的原因很可能是全球变暖。一方面，融化的冰川给海洋带来更多的水；另一方面，随着温度的升高，海洋的水发生热膨胀反应。海平面上升直接威胁到诸如孟加拉国和荷兰等拥有广大海滨面积的沿海国家。一些岛屿国家，例如马尔代夫，只比海平面高出几米，未来甚至可能完全没入海中。那时，这些岛屿的居民将失去家园，他们应该去哪里呢？

也或许住在漂浮的城市上。轰动一时的"丽丽派德"犹如一朵巨大的百合花盛开在海面上，是由建筑师文森特·卡勒波特设计的。预计，多达 5 万气候难民可在"丽丽派德上找到新家"。

北极熊得依靠冰层打猎，养活自己和幼崽。

如何应对气候变化？

▶ 离开房间时关灯。

▶ 不使用电子设备时，应该切断电源而不要让它们保持待机状态。

▶ 使用节能灯。

▶ 骑车去上学或出行比坐车更好。

▶ 放弃使用塑料袋，尽可能使用布袋和背包。

▶ 不要过度使用暖气和空调。使用时保持窗户关闭，时不时地短时间开窗通风。

宇宙飞弹

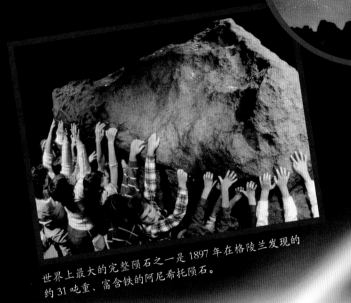

来自太空的小天体在地球大气中燃烧。我们将它们称为流星或陨星。

世界上最大的完整陨石之一是 1897 年在格陵兰发现的约 31 吨重、富含铁的阿尼希托陨石。

地球正在不断被撞击。岩石块和铁块时常袭击我们的家园。幸运的是，这些通常是在地球大气层中完全燃烧的小流星体。当这些大块头还在太空中时，叫作流星体；流星体进入地球大气层后，在路径中发光的阶段被人们称为流星或陨星；当流星到达地面，它们被称为陨石。

小行星

太空中还潜伏着更大、更危险的小行星。它们环绕太阳赛跑，其中大多数在火星和木星之间的小行星带内以及海王星轨道的另一边运行，但有些小行星距离地球非常近。在这些近地天体（英文：Near Earth Object，简称：NEO）中，目前已有超过一万个为人所知——还有更多，将持续被发现。美国国家航空航天局（NASA）认为，其中 1500 多个近地天体具有"潜在危险"。它们的直径超过 140 米，一旦其中一颗小行星撞击地球，将会产生严重的后果。

恐龙杀手

6600 万年前，一颗直径约 1 万米的小行星撞击了今天墨西哥境内尤卡坦半岛所在的地方，整个地球都受到这场灾难的影响。这次撞击引发了导致全球多数物种灭绝的气候变化。当巨大的恐龙消失时，哺乳动物的发展以及最后人类的进化之路才得以畅通无阻。

知识加油站

▶ 6600 万年前，恐龙杀手——小行星引发了巨型海啸，其波浪可高达 1 千米。

▶ 当时，水蒸气和灰尘进入大气层并遮挡阳光。

▶ 这引发了长达数月的冬季，许多动物因食物稀缺而饿死。

2013 年 2 月 15 日，一颗约重一万两千吨的流星体在地球大气层内爆炸。爆炸产生的冲击波造成俄罗斯车里雅宾斯克超过1000 人受伤。

 你知道吗？

德国也有陨石坑。在 1500 万年前，一个 1000 米宽的大石块撞击了斯瓦比亚山脉，并留下了一个巨大的凹坑。这里现在被我们称为"诺德林根－里斯盆地"。

这个巴林杰陨石坑位于美国亚利桑那州。大约 5 万年前，一颗足足有 30 万吨重的陨石击中这里，留下了一个深度超过 170 米、直径超过 1000 米的大坑。

差点儿碰撞

2029 年 4 月 13 日，一颗直径超过 300 米的小行星阿波菲斯将与地球擦肩而过，途中与我们只隔 3 万千米。它的速度达每小时 2.67 万千米，这使得它成为一个高能量的庞然大物。一旦阿波菲斯袭击地球，整个地区都将遭到破坏。我们之所以能够知道这些，是研究人员准确计算了这些近地天体的飞行轨迹，并且提前几年就预测出了这种差点儿碰撞的情况。

推开小行星

目前，有各种各样的研究项目正在研究如何防止未来这些天体相撞。来自

欧洲、美国和俄罗斯的研究员共同参与了"近地轨道防护盾计划"（NEO-Shield）。

要想把一颗行驶在与地球相撞轨道上的小行星"推开"，就不得不在计算得出的碰撞发生数年前，持续对小行星施力。或者也可以控制一台空间探测器撞击小行星，由此来给它一个冲击，使它偏离相撞的轨道。或许，使探测器尽可能靠近行星就可以了——虽然探测器的引力场很低，但它可能会渐渐将小行星从原始轨道上引开。研究人员甚至考虑用原子弹摧毁带给我们危险的近地天体，以使它们脱离轨道，不过目前尚未计划具体任务。

捕获小行星

美国国家航空航天局打算在 2019 年前，利用更小的物体来练习对小行星的处理。为此，他们打算获取一块长达十米的大石块，并把它停放在月球的一个环形轨道上。随后，宇航员将飞往小行星，采集岩石样本带回地球。

➡ 纪录
2.8 万千米

2012 年，小行星 DA14 可能距地球表面还有 2.8 万千米。2013 年 2 月 15 日，直径约 50 米的它从我们身边擦身而过。如果发生碰撞，可能会摧毁一个大型城市。

1908 年 6 月 30 日西伯利亚发生通古斯大爆炸。可能是因为大气中的大流星爆炸所致。

太阳风暴与
宇宙爆炸

来自宇宙深处神秘莫测的高能射线能部分渗透到地球表面，太阳的辐射和粒子流也到达地球。这对我们人类来说意味着什么？

来自太空的辐射

1912 年，奥地利物理学家维克托·弗朗茨·赫斯乘热气球达到海拔 5000 米的高度。测量空气导电率的简单检测仪告诉他，导电率先是下降，但在超过 1000 米的高度后，再次增加。赫斯由此推测，这是因为有来自太空的神秘粒子辐射。此外，他在乘热气球上升时发现了宇宙射线——当时被他称为"高度射线"。

爆　炸

在太阳表面上发生这种爆炸时，带电颗粒被抛入太空中。如果粒子接触到地球，它们会引发磁暴，也被称为"太阳风暴"。

宇宙粒子加速器

半人马座 A 是一个所谓的无线电星系，除了长波无线电射线外，也能发射高能短波伦琴射线和伽马射线。不仅如此，这个活跃的星系还发出带电粒子射线。

➡ **你知道吗？**

1859 年，科学家观测到了地球上截至目前最大的一次磁暴，并把它记录了下来。这次的磁暴是如此强烈，以至于当时电报站的设备喷射出火花，甚至有几个电报站着火。

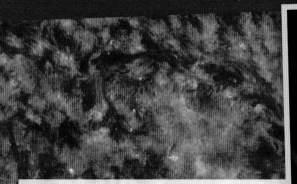

活跃的太阳

离我们最近的太阳是一个巨大的宇宙射线源，除了可见光和热辐射之外，它还会发射波长更短的、更高能量的射线。幸运的是，如此高能量且危险的紫外线、伦琴射线和伽马射线，在很大程度上被地球大气吸收了。另外，太阳会释放出太阳风——一股恒定的带电粒子流，当太阳能量大规模爆发时，太阳风会成长为太阳风暴，使地球的磁场变形。但这对于地面上的我们来说几乎不存在危险，因为磁场这个保护屏障可以屏蔽大部分的粒子辐射。只有在南北两极——地球磁场线出现的地方——射线才能穿进更深的大气层。在太阳风暴期间，飞行机组和乘客受到的辐射压力增加，所以通常途径北极的航班将在此期间改变航线。

太阳风暴的危害

尽管如此，太阳风暴还是会影响我们的生活。例如，当太阳风削弱地球磁场时，通信会受到干扰，管线也开始快速生锈。如果粒子射线击中卫星，还可能会干扰卫星的电子信号。有时甚至会造成地面某个地区的电力供应全面瘫痪，就像1989年发生的那次太阳风暴一样，它烧毁了加拿大魁北克省的一台大型变压器，导致电网崩溃。接下来甚可能会迫使电厂关闭。不过值得庆幸的是，这种极端事件很少见。

来自太空深处

太阳并不是太空中唯一的辐射源。一些恒星以巨大的超新星爆发结束了它们的生命，同时将高能粒子流送入太空。黑洞也起着宇宙加速器的作用，将带电粒子抛入太空。除此之外，黑洞还会发出危险的伦琴射线和伽马射线。幸运的是，这种辐射被地球大气所吸收，根本没有到达地面。极其快速的粒子被地球大气层制止，并产生一场由数十亿个其他粒子组成的极光——标志着粒子辐射拥有令人难以置信的能量。关于宇宙粒子如此快速加速的确切过程，研究人员仍然没有头绪。

太阳风的带电粒子激发大气分子发光。极光既是一种迷人的景观，同时是一种明显的标志——两极附近的防辐射地幔具有薄弱点。

纳米比亚的 H.E.S.S. 望远镜在大气中寻找由宇宙高能粒子引发的粒子阵雨。

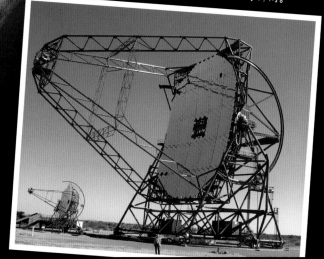

采访危险人物

我们勇敢无畏的记者拜访了两个极其危险的人物，并分别对他们进行了采访。两人之中的谁更危险呢？是来自美国得克萨斯的龙卷风先生，还是朝地球飞来的小行星呢？

你好！首先非常感谢你抽出时间接受我们的采访。作为龙卷风，你总是这么繁忙，不能停下移动的脚步。

你好！哎，是的，我总是有事情要做。我有时把这里，有时把那里的树木、汽车和房子都卷到空中。虽然我必须在很短的时间内尽可能多地做到这些，但我喜欢这样做！总是要工作的嘛。

龙卷风猎手在不断制作你的新照片和视频。你如何看待他们呢？

他们试图驾驶着小汽车靠近我的样子真的很可爱。不过他们还是被吓得尿裤子了！使劲踩油门，迅速逃跑了。

人们说你是不可预测的。

这点我很清楚！我突然改变方向，做了让人们始料未及的事。这很有趣！

你最大的愿望是什么？

自然是想成为最大最强的龙卷风。藤田级数达到 F5。更高等级是不可能的了！F5 就很好了。

那你需要为此具备什么能力？

必须具有实实在在超强灾难性：扫除地基上的木质房屋，然后把轿车至少扔出 100 米远，还要剥去树上的树皮。持久力得足。

令人印象深刻！

就是这样！如果没有问题……我就得走了。我还要回去掀翻几栋房屋，弯折树木然后把它们连根拔起——这就是我要做的事情。还有很多这样的事情等着我去做！

姓名：龙卷风先生
职业：龙卷风
性格：猛烈、不可预测
爱好：投掷汽车，拆除房屋

姓名：小行星
职业：地球轨道巡洋舰、行星无人机
性格：沉默、怪异
爱好：尽可能靠近地球，恐吓地球人

嘿！小行星，你看起来不那么危险，更像是一个灰色巨型土豆！

说我是土豆是怎么一回事儿？！危不危险只取决于你的能力。我能做好多事情呢！

那么是什么使你如此危险？

我会告诉你：是质量和速度。我体重又大，速度又快！我要是击中哪里，哪里就干旱枯萎，很快便寸草不生。我的一个同事甚至终止了白垩纪！就是这样。还不错，对不对？

哦，是的。那是白垩纪的末日。我记不太清了，当时必然撞击地相当厉害。

放在今天也是这样。而且我做事不会只做一半。但是在我完成以前，我还得再从地球旁边擦身而过好几圈，吓吓地球人。

地球人正在考虑，一旦你可能距离地球太近，就直接把你撞开。这件事你知道吗？

呵呵，这些人竟然想用他们废物一样的火箭来对付我，真的太滑稽了。他们也就只能尝试一下，事情不是这么简单的。他们应该先试试，然后我们看结果到底如何。

另外，人们正在考虑在你们身上开采矿石和原材料。这应该很赚钱。

人类只考虑金钱。另一方面……我既像怪物一样危险，又非常有价值。我不得不说，我很喜欢这个想法。

你有没有感觉到，有时候在被人类观测？

作为一个近地天体，当然会有宇航员用望远镜精确观测我。事实上，我认为成为被关注的焦点很棒。但如果未来某个时候我离得越来越近，越来越近……那结局就很有趣了——这将是一场爆炸！

但你只能这样做一次。或者你认为你会在这种碰撞中幸存下来？

呃，呃……我还没有见过这种情况。感谢提示，我会仔细考虑的，嗯嗯。

名词解释

冰岛是一个火山岛，因其众多的间歇泉而闻名。这些喷泉会定期喷出热水和蒸汽。

小行星：围绕太阳运转的小星体，直径从几米到几万米不等的岩石块。

大气层：被重力束缚而包裹行星或卫星的气体层。

风 眼：龙卷风的中心，几乎无风。

蒲福风级：主要根据风速，将风的强度从弱到强划分为 0 到 12 级。

暴风雪：风速超过 56 千米 / 时的暴雪和冰暴。

科里奥利效应：因地球自转而引起的风和洋流的偏移。

积雨云：可以达到 15 千米高度的黑暗风暴云。

积 云：较低云层中的白色云块。

厄尔尼诺现象：南美洲西海岸每隔两到七年发生一次的洋流异常升温的气候现象。

震 中：位于震源上方的地表位置。

火山喷发：火山爆发时，喷发出熔岩、岩石块和气体。

法拉第笼：一种由导电材料（金属丝网或金属片）制成的全方位密封外壳，用作来屏蔽电流，从而提供防雷击保护。

异常巨浪：异常高且陡峭的巨浪。

藤田级数：用来划分龙卷风破坏力的等级标准。

伽马射线：波长很短的高能电磁辐射。

热 点：从地幔上升的岩浆柱，可以在上方的板块中产生火山链。

飓 风：风速高达每小时 300 千米的强烈热带气旋。

宇宙射线：银河系或更遥远星系中的恒星和其他辐射源带来的高能粒子射线。

熔 岩：岩浆到达地球表面之后的名称。

气 压：大气施加的压力。

岩 浆：地表下面的熔岩。

陨 石：已经到达地球表面的、来自宇宙的岩石块或金属块。

NEO 近地天体：小行星、彗星或大型流星体，在沿自己的轨道绕太阳飞行时，与地球轨道交叉或接近。

伦琴射线：一种电磁射线。具有很高的穿透本领，能透过许多可见光无法穿透的物质。

黑 洞：极端重力区域，就连光也躲不过重力的影响。

地震仪：测量地震的仪器。

太阳风暴：由强烈的太阳能量爆发引起的地球磁场干扰。

俯 冲：地壳较厚的板块冲到厚度较低的板块下。

超新星：当一颗恒星在其寿命结束阶段发生的明亮爆炸。

台 风：发生在亚洲的热带气旋。

粒子射线：例如由太阳发出的电子、质子或较重的原子核组成的射线。

龙卷风：从风暴云延伸到地面的象鼻状的空气涡流。

龙卷风爆发：同时发生多次龙卷风。

陆龙卷：相对较弱的、产生在陆地上的龙卷风。

海 啸：由海底地震、火山爆发或山体滑坡引发的巨大海浪。

紫外线辐射：波长比可见光短的电磁辐射。

旋 风：印度洋的热带气旋。

内 容 提 要

　　本书向读者介绍了我们奇妙大自然中的各种"力"。例如，因为有引力的存在，所以物体总是从高处落向低处；因为有摩擦力，所以人们走在地上才不会摔倒，等等。《德国少年儿童百科知识全书·珍藏版》是一套引进自德国的知名少儿科普读物，内容丰富、门类齐全，内容涉及自然、地理、动物、植物、天文、地质、科技、人文等多个学科领域。本书运用丰富而精美的图片、生动的实例和青少年能够理解的语言来解释复杂的科学现象，非常适合 7 岁以上的孩子阅读。全套书系统地、全方位地介绍了各个门类的知识，书中体现出德国人严谨的逻辑思维方式，相信对拓宽孩子的知识视野将起到积极作用。

图书在版编目（CIP）数据

大自然的力量 / （德）曼弗雷德·鲍尔著 ；张依妮
译 . -- 北京 ：航空工业出版社，2022.3（2023.4 重印）
（德国少年儿童百科知识全书 ：珍藏版）
ISBN 978-7-5165-2887-7

Ⅰ . ①大… Ⅱ . ①曼… ②张… Ⅲ . ①力学—少儿读
物 Ⅳ . ① 03-49

中国版本图书馆 CIP 数据核字（2022）第 025101 号

著作权合同登记号
图字 01-2021-6328

NATURGEWALTEN Unberechenbar und mächtig
By Dr. Manfred Baur
© 2015 TESSLOFF VERLAG, Nuremberg, Germany, www.tessloff.com
© 2022 Dolphin Media, Ltd., Wuhan, P.R. China
for this edition in the simplified Chinese language
本书中文简体字版权经德国 Tessloff 出版社授予海豚传媒股份有限
公司，由航空工业出版社独家出版发行。
版权所有，侵权必究。

大自然的力量
Daziran De Liliang

航空工业出版社出版发行
（北京市朝阳区京顺路 5 号曙光大厦 C 座四层　100028）
发行部电话：010-85672663　010-85672683

鹤山雅图仕印刷有限公司印刷　　　　　　全国各地新华书店经售
2022 年 3 月第 1 版　　　　　　　　　　2023 年 4 月第 2 次印刷
开本 889×1194　1/16　　　　　　　　字数：50 千字
印张：3.5　　　　　　　　　　　　　定价：35.00 元

船的故事
从独木舟到远洋帆船

飞机的秘密
人类飞行的梦想

火山探秘
来自地核的火焰

七大奇迹
上古时期的宝藏

汽车世界
精彩的汽车发展史

鲨鱼家族
海洋里的矫健猎手

百变天气
阳光、风和暴雨

穿越大自然
探究与保护

鲸和海豚
海洋里的哺乳动物

恐龙王国
远古海洋的地球霸主

矿物与岩石
闪闪发亮的宝藏

爬行与两栖动物
壁虎、林蛙和巨蜥

大自然的力量
难以估量的威力

改变世界的电
高电压与超导体

各种各样的鱼
水下的奇妙世界

猫的家族
拥有柔软身躯的躯猎猎手

奇境森林
动物和植物的家园

忠诚的狗
陪伴孩子的英雄

浩瀚宇宙
宇宙的秘密

狼的故事
走进充满智慧的狼的世界

蚂蚁和白蚁
了不起的建筑师

美丽的蝴蝶
鲜有研究的自然精灵

蜜蜂和胡蜂
美味的蜂蜜与可怕的蜇针

潜水的魅力
潜入水下的迷人世界

古老的希腊文明
诸神、英雄和诗人

古罗马生活
古罗马城的社会百态

欧洲风情
人口、国家和文化

骑士时代
城堡、比武大会和贵族女性

舞动的音符
走进音乐的奇妙世界

古老的城堡
中世纪的见证

熊的秘密生活
棕熊、大熊猫、北极熊

化石档案
挂神的叙述

奇妙的昆虫
六条腿的生存艺术家

极地世界
生活在冰雪王国

神秘的蜘蛛
线线上的猎手

大象王国
温和的"巨人"

海底宝藏
沉没的宝藏

海洋之谜
海洋研究与保护

火星登陆
红色星球定居计划

忙碌的农场
动物、植物与农业机械

时尚魅影
时尚的古与今

全球气候
冰期的气候变化

2023 NEW